# Dem Himmel Entgegen

Lichtbilder von Hannelore Maier & Monique Simon
Konzeption & Layout von Ralph Wagner

FSC
www.fsc.org
MIX
Papier | Fördert gute Waldnutzung
FSC® C165257


Druck: Wir Machen Druck
Gedruckt auf FSC-Papier
Printed in the EU

ISBN 978-99959-0-982-6

Monique Simon

# Dem Himmel Entgegen

## *Entfaltung eines Gartens*

NIBOR

Dieses Buch ist gewidmet allem Leben auf dieser Erde
in Liebe und Dankbarkeit

# *Handlung*

# Einführung

Eines der sieben Weltwunder der Antike waren Gärten; die hängenden Gärten der Königin Semiramis von Babylon. Damals wurde hier von den Assyrern bereits Lavendel angebaut und zu Öl und Pulver verarbeitet. In der Bibel beginnt die Geschichte der Menschheit in einem Garten. Ein Apfelbaum spielt dabei eine wesentliche Rolle.
Gärten entstanden dort, wo Menschen sesshaft wurden. Immer schon waren sie verbunden mit harter Arbeit, aber stets auch ein Quell der Freude. Unsere Sinne werden angeregt durch das pulsierende Leben des Pflanzen-, Tier- und Mineralienreiches, das sich hier vor unseren Augen entfaltet. Ein Ineinandergreifen perfekter göttlicher Harmonie.
Das Element Wasser, falls vorhanden, bietet eine zusätzliche Bereicherung.

Ein Garten bietet eine wunderbare Gelegenheit, uns zu erden und uns mit der Natur verbunden zu fühlen. Bäume und Sträucher, die wir pflanzen, Blumen, die wir säen oder Gemüse, das wir anbauen; sie alle helfen uns, eine Beziehung zur Natur aufzubauen. Zu Mutter Erde, die uns nährt.
Legen wir wieder mehr Gärten an, pflanzen und säen selbst, so spüren wir uns dem Leben der Natur näher und sind im Hier und Jetzt verwurzelt!
Denn nur was wir kennen, können wir auch schätzen, lieben und schützen.

Dies können wir auch durch Meditation erreichen, zum Beispiel eine Baummeditation: unsere Füße wie Wurzeln tief in die Erde verankern, unsere Arme hochhalten wie Äste und mit dem Kopf in das Universum eintauchen. So können wir uns mit der Natur verbinden und sie erfahren - ja sie erspüren.
Einen Garten gestalten, ihm beim Wachsen und Gedeihen zuzusehen, bedeutet pures Glück.
„Verbringst du deine Zeit damit, Schmetterlinge zu fangen, werden sie davonfliegen. Verbringst du aber deine Zeit damit, einen schönen Garten anzulegen, werden die Schmetterlinge zu dir kommen."
Mario Qintana

## Erster Schritt

# *Überraschung: zwei Samentütchen aus Amerika*

Im Sommer 2017 flog eine befreundete Nachbarin in die USA. Während ihrer Abwesenheit fütterte ich ihre Katzen. Als Dank schenkte sie mir bei ihrer Rückkehr zwei Samentütchen, welche sie aus Kalifornien mitgebracht hatte. Sie enthielten Samen vom Küstenmammutbaum, Sequoia sempervirens und vom Riesenmammutbaum, Sequoia dendron giganteum. Samen von Redwoods, wie sie in Amerika genannt werden.

Eine gelungene Überraschung! Vorsichtig öffnete ich die Tütchen mit dem schönen Bild auf der Vorderseite und warf einen Blick hinein. Das eine enthielt sechzig Samen vom Küsten-Redwood, das andere fünfundzwanzig Samen vom Riesen-Redwood. Beide Samenarten waren winzig klein, vergleichbar mit der Größe von Tomatensamen. Beeindruckend, wie diese Miniatursamenkörner das Erbgut der

höchsten Bäume der Erde zu speichern vermögen.
Ich war hocherfreut über dieses besondere Geschenk. Der Mammutbaum, majestätisch und kraftvoll, besitzt ein sehr sanftes, reines Energiefeld. Sehr anrührend. Sein faseriger Stamm strahlt Wärme aus, wenn man ihn mit seinen Händen berührt.

Alle Bäume wachsen dem Himmel entgegen; Mammutbäume etwas näher. Auch lassen sie sich etwas Zeit. Es kann schon über ein Jahrtausend werden.

Wo sollen die fünfundachzig Sämlinge aufwachsen? Zwar besaß ich einen ausgedehnten Garten, aber da lebten schon an die zwanzig Bäume.
Zuerst einmal verbrachten die Saatkörner den Herbst in der Tiefkühltruhe, da sie ohne längere Frostperiode nicht keimen können. Dann blieb abzuwarten, wie viele den langen Rückflug nach Luxemburg sowie Gepäckdurchleuchtungen und Kontrollen lebend überstanden hatten. Die Keimfähigkeit dieser Bäume soll ungefähr fünfundfünfzig Prozent betragen. Nicht sehr vielversprechend, diese Prognose...

Zu diesem Zeitpunkt trat mein zukünftiger Lebensgefährte in mein Leben. Zusammen entnahmen wir die Samenkörner aus der Kälte. Wir hielten sie liebevoll in unseren hohlen Händen und wünschten ihnen ein langes, glückliches Baumleben. Dann legten wir die Samen in mit guter Gartenerde gefüllte Blumentöpfe.
Vorerst kamen sie in den Keller auf eine Fensterbank, da es draußen noch viel zu kalt war. Ende April wurden sie dann in den Garten ge-

bracht. Schon waren erste zarte grüne Spitzen zu sehen, die sich aus der Erde bohrten. Aber es waren bei weitem nicht so viele, wie gesät worden waren. Von den Küsten-Redwoods waren es enttäuschend wenige. Um es gleich vorweg zu nehmen, kein einziger Sämling überlebte den ersten Winter. Zu spät las ich, dass diese Art in unserem Klima nur bedingt winterfest ist. Die Riesenmammutbäume keimten besser. Von fünfundzwanzig zeigten sich acht oder neun. Diese verblieben zwei Jahre lang in ihren Blumentöpfen, bis sich ihr Wurzelgeflecht so sehr ausdehnt hatte, dass sie in den Garten umziehen mussten.

Nach zwei weiteren im Garten verbrachten Jahren begann ich mir verstärkt Gedanken darüber zu machen, wo sie in Zukunft leben sollten. Ich machte mir Sorgen. Die vier Kleinsten kränkelten; viele der zarten Nadeln verfärbten sich bräunlich und begannen abzufallen. Den darauffolgenden Winter haben diese nicht überlebt und so blieben leider nur die vier Kräftigsten zurück.

## Zweiter Schritt

# *Entdeckung des geeigneten Grundstücks*

Die verbliebenen vier Mammutbäume enwickelten sich prächtig und legten an Höhe zu. Schon begannen sich die typischen Verzweigungen abzuzeichnen.
Ich begann nun intensiv nach einem neuen Lebensraum für sie zu suchen.

Bei einer guten Gelegenheit im „Service du Patrimoine naturel“ konnte ich dem leitenden Angestellten die aktuelle Lage der vier Mammutbäume darlegen; auf der Suche nach ihrer endgültigen Heimatscholle. Etwas zaghaft fragte ich, ob sich im „Bambësch“ vielleicht ein Plätzchen für sie finden ließe. Er lächelte und erwiderte, er sei sicher, ich selbst würde einen guten Platz für meine Schützlinge finden.

Eine Herzensfreundin von mir ist der Natur sehr verbunden und eine Liebhaberin von Mammutbäumen. Vor über fünfzig Jahren hatte sie einen Urwelt- und einen Riesenmammutbaum in ihrem Parkgarten gepflanzt. Sie spricht mit ihnen und lobt ihre Schönheit. Durch diese beiden prächtigen Bäume fanden wir zusammen und es entwickelte sich eine wunderbare Freundschaft.

Ich erzählte ihr von meinen vier Mammutsämlingen und dass ich auf der Suche nach einem Platz für sie sei. Gerne wollte sie mir eines ihrer Grundstücke überlassen. Ich schaute es mir an. Es war eine Wald-

parzelle. Sehr schattig. Der Zugang war steil. Zudem gab es keine Möglichkeit zum Sammeln von Regenwasser. Gießwasser in Kanistern herbeizuschleppen wäre mühsam gewesen.

Ich musste mich anderswo umschauen.

Ich begann die Immobilieninserate jeden Tag durchzulesen.

Mehrere Agrarparzellen standen einige Zeit später zum Verkauf. Sie befanden sich nicht weit von meinem Wohnort entfernt. Eine davon schien interessant für mein Projekt zu sein.

Sofort rief ich beim Grundstücksmakler an, doch jemand war mir zuvorgekommen.

Am ersten Tag der Veröffentlichung des Inserates, noch vor meinem Anruf, wurde bereits ein Vorvertrag unterschrieben für die gleiche

Parzelle, die meine Aufmerksamkeit erregt hatte.
Ich musste mich anderswo umschauen.

Die Zeit verstrich. Es gab inzwischen mehrere Verkaufsangebote von Agrar-Parzellen. Sie waren zu weit entfernt, ungünstig gelegen oder zu teuer.
Eine neue Anzeige tauchte im Internet auf. Das angebotene Grundstück lag im Müllerthal, im Naturschutzgebiet. Sofort erkundigte ich mich. Die Auskunft war etwas vage und spärlich.
Trotzdem fuhr ich noch am gleichen Tag hin, ohne Termin. Vor Ort waren die genauen Grenzen des Feldes nicht klar einsehbar. Nirgendwo war eine Flur-Markierung oder ein Grenzstein zu sehen. Nur an einer Längsseite des Agrarlandes wurde die Trennungslinie sichtbar durch ein angrenzendes Wäldchen.
Am Kopfende des Feldes lief ein schmales Bächlein leise murmelnd über vereinzeltes Gestein. Wahrscheinlich trocknete es im Sommer aber völlig aus. Es durchquerte eine Böschung, auf deren Südseite mehrere Dachsbauten in den Hang gegraben waren. Die Trampelpfade der Dachse wanden sich, sauber gefegt, ohne die geringste Vegetation, durch das spärliche Unterholz. Ein Zeichen, dass die Bauten noch bewohnt waren.
Ich war sehr interessiert an diesem Grundstück, aber der Immobilienmakler teilte mein Interesse an einer genauen Ausmessung nicht. Über Wochen wurde ich hingehalten und vertröstet. Nichts geschah. Ich musste mich anderswo umschauen.

Inzwischen war es Mitte April geworden. Ein Inserat eines im Ösling gelegenen Grundstücks weckte meine Aufmerksamkeit. Es war rundum von dichten Hecken umzäunt; sinnvoll und praktisch für meinen Hund. So bräuchte ich kein Geld für eine Umzäunung auszugeben und mein Hund könnte sofort auf dem Grundstück frei herumlaufen.

Auf einer Seite grenzte das Grundstück an den Wald, nur durch einen Hohlweg getrennt. Am Rande des Waldes, gegen Nordwesten gelegen, lebten mehrere hochbetagte Eichen mit beeindruckenden, ausladenden Kronen.
Der vordere, vollsonnige Teil war weitgehend flach. Er wurde früher

als Gemüsegarten genutzt, wie einige alte Kohlstrünke und Lauchstangen, die zwischen Brennnesseln hervorlugten, bezeugten. Zum jetzigen Zeitpunkt war er hauptsächlich mit Raps bedeckt. Ein Gartenhäuschen und ein Schuppen waren auch vorhanden; von ihren Dächern könnte das Regenwasser aufgefangen werden.
Der hintere Teil bestand aus einem Obstgarten in leichter Hanglage, mit viel freier Fläche und vom angrenzenden Wald vor kalten Nord-Ostwinden geschützt. Der ideale Schutz für meine Sequoia-Babies. Ein wahrer Schatzgarten, der hier entdeckt wurde...

Ich war die Erste, die beim Makler anrief, die Erste, die einen Termin bekam - nachdem ich energisch auf dem Wort „sofort“ bestand - und die Erste, die sich eine Reservierung sicherte. Ich tat gut daran, denn wie ich später erfuhr, wollten alle, die nach mir einen Termin hatten, diese Parzelle ebenfalls erwerben.
Ich musste mich nicht mehr anderswo umschauen.

Das neu erworbene Grundstück hat eine aussergewöhnliche Form; halbrund, wie ein Amphitheater. Auf der topographischen Karte gleicht der Umriss dem Kopf einer Taube. Der Umriss der an-

grenzenden Parzellen ähnelt der Darstellung eines Taubenkörpers. Wie eine verkleinerte Darstellung der Nazca-Linien in Peru.

Wildtauben, vor allem Türkentauben, halten sich in den nahen Eichen und im angrenzenden Wald auf und überfliegen regelmäßig dieses Gelände. Es soll nun einen Namen erhalten. Da es sich in einen blühenden Garten verwandeln soll und die Tauben allgegenwärtig sind, liegt es nahe, das Grundstück auf den Namen „Dauwegaart“ zu taufen.

Vor mehr als fünfzig Jahren wurde der „Tag der Erde“ zum ersten Mal ausgerufen. Seitdem wird er am 22. April alljährlich weltweit gefeiert. Hier auf diesem Fleckchen Erde wird von nun an jeder Tag der Tag der Erde sein; mit Liebe und Respekt für das hiesige Tier-, Pflanzen- und Mineralienreich und für die Erdenmutter.

## Dritter Schritt

# *Entrümpelung*

Beim ersten Rundgang in unserem neuen Reich bemerken wir betroffen, dass jemand in der Zwischenzeit aus unerklärlichen Gründen kiloweise Auftausalz zwischen den Rapsreihen ausgestreut hat. Später finden wir einen leeren Salzsack von fünfundzwanzig Kilo in einer Ecke und viel später noch einen weiteren angebrochenen Sack, versteckt in einem Brombeergestrüpp. Der Garten ist zu diesem Zeitpunkt nicht wirklich abschließbar. So kann es ein Vandalen- oder Racheakt sein. Vielleicht ist dieser Jemand nicht damit einverstanden, dass der Garten verkauft wird und will dem alten oder neuen Besitzer Schaden zufügen. In Wirklichkeit aber trifft er die Erde damit. Welcher Mensch konnte der Natur so etwas antun?

Es tut uns im Herzen weh, dieses weiße Zeug überall zwischen dem Grün zu finden. Streusalz ist Gift für Pflanzen.
Wir bewaffnen uns mit Schaufeln und Eimern und verbringen zwei Tage damit das Salz aufzulesen und zu entfernen. Da Regen droht und das Salz nicht in das Erdreich eindringen soll, ist zudem Eile angesagt. Glücklicherweise haben wir die Tat rechtzeitig bemerkt und Mutter Erde vom Salz befreien können.

Der Garten will noch von etwas anderem befreit werden. Was sich da vor unseren Augen offenbart, ist unbeschreiblich. Teilweise von Gestrüpp überwuchert, teilweise von hohem Gras verdeckt sind über den ganzen Garten Spuren von menschlicher Zivilisation verstreut. Über mehrere Generationen hinweg sind hier Hinterlassenschaften entsorgt worden. Wobei entsorgt in diesem Fall übersetzt werden kann mit: den Abhang hinuntergeworfen oder in einer Ecke ausgemustert. Manches schien einfach an Ort und Stelle, wo es nicht mehr gebraucht oder defekt wurde, fallen und liegen gelassen.
Mit der Zeit versuchte die Natur mit Hilfe von meterhohen Brennnesseln, meterlangen wilden Clematisranken, Ackerwinde, Klebkraut und Unmengen von Giersch verschwinden zu lassen, was der Mensch acht- und respektlos fallenließ.
Jede Menge Alteisen, Holz in allen Formen und Variationen, zerbrochene Granitplatten, Glassplitter, Dachschiefer, Keramikfliesen, verrostete Fahrradteile, Plastikabfälle jeder Art, Blumentöpfe mit Sprung, altes kaputtes Handwerkszeug und Gartengeräte, Zinkkübel und Eimer, alte Spielzeugteile, Holzleitern, verbeulte Aluminiumkochtöpfe, undichte Gießkannen und Dutzende von alten halbver-

les jardins
sont les traces
s plus tendres
que les hommes
peuvent léguer
à
la Terre

rosteten Schlüsseln. Nicht weiter überraschend stehen mehrere angebrochene Plastikbehälter mit Herbiziden und Kunstdünger herum. Scherben von nicht identifizierbaren Objekten sowie eine größere Asbestplatte, ragen aus dem Komposthaufen, wo sie nicht hingehören.

Eingebaut in eine Mauernische beim Schuppen stapeln sich vier vergammelte hölzerne Kaninchenställe, überquellend mit beißendem alten Kot im halbverrottetem Stroh.

Die Erben des ehemaligen Gartenbesitzers sind zuvorkommend. Sie bestellen ein Entsorgungsunternehmen auf ihre Kosten, um alles abzuholen. Als Dank für diese Geste bieten wir an, den gesamten Schutt zusammenzutragen und abholbereit am Eingang zu stapeln. Das nimmt Zeit in Anspruch; vor allem der Abriss der Kaninchenställe ist harte Arbeit.
Nachdem alles eingesammelt ist, stehen wir vor den beeindruckenden Gerümpelhaufen und sehen uns in Ruhe noch einmal alles an.
Zwei große Zinkkübel sind eigentlich noch recht ansehnlich. Im Geiste sehen wir sie die Gartenstufen flankieren; mit Hornveilchen und Tausendschön bepflanzt. Wir fischen sie wieder heraus.
Drei lange Holzleitern mit morschen Sprossen könnten in mehrere Segmente zersägen werden. Im Obstgarten an Apfelbäume gelehnt würden sie hübsch aussehen als Rankgerüst für Waldreben. Wir fischen sie wieder heraus.
So einiges wandert wieder zurück in den Garten um zweckentfremdet wiederverwendet zu werden. So entsteht aus einer Sammlung alter verrosteter Schlüssel ein Windspiel.

Als die Entsorger eintreffen und sich umschauen, ruft einer der Männer: „Das ist kein Garten, das ist eine Schutthalde!“ Worauf sein Kollege nachdenklich meint: „Da könnte man was draus machen.“ Genau das haben wir vor.

Drei- bis viermal fahren sie mit ihrem Kleinlaster vollgeladen zum Recycling-Center. Als die letzten Reste zusammengefegt sind, beginnt der Garten leichter zu atmen; befreit von einer schweren Last. Wir fühlen große Dankbarkeit in uns aufsteigen, dieses kleine Fleckchen Erde, immerhin ein Teil des Planeten, säubern zu dürfen. Es war benutzt worden, um der Erde zu entnehmen, was zu entnehmen war. Nun ist die Zeit gekommen, der Natur etwas zurückzugeben und ihr Liebe und Aufmerksamkeit zu schenken.

## Vierter Schritt

# *Planung der Gartenräume*

Der erste und wichtigste Schritt der Planung ist die Suche nach dem geeigneten Platz für die mittlerweile fast fünf Jahre alten Mammutbäumchen. Da ein Teil des Gartens in einer Naturschutzzone liegt, erkundige ich mich beim Revierförster über die Möglichkeit einer Anpflanzung von Sequoias in diesem Bereich. Es ist kein Problem, nur Fichten dürfen hier nicht mehr angepflanzt werden.
Vor Millionen von Jahren wuchsen Mammutbäume auch in unseren Breiten. Erst nach den Eiszeiten und durch Abholzen verschwanden sie allmählich. Sie sind also im erweiterten Sinn einheimisch. Die schnellwachsenden Fichten dagegen sind keine nativen Gewächse unserer Breitengrade. Zu Beginn des Industriezeitalters im achtzehnten Jahrhundert wurden sie zur schnellen Holzgewinnung in großen Monokulturen im ganzen Land angepflanzt.

Wir haben bereits Mitte Mai. Die Temperaturen steigen, es wird heiß. Die Sequoias sollten möglichst bald an ihren endgültigen Standort umziehen. Vier schöne Plätzchen sind rasch für sie gefunden. Es kommt noch ein fünfter, etwa zehn Jahre alter Sequoia Dendron hinzu, dem ich in einer Gärtnerei unerwartet begegnet bin. Ich konnte es nicht übers Herz bringen, ihn hier allein zurückzulassen und so nahm ich ihn mit.
Mit dem nötigen Abstand in einer Reihe gepflanzt, entsteht eine Mammutbaumallee, wenn auch vorerst eine sehr niedrige.

Nun brauchen sie Wasser. Sequoias benötigen viel Wasser in jungen Jahren. Unter dem Fallrohr der Regenrinnen von Schuppen und Gartenhäuschen stellen wir Tonnen auf, um den Niederschlag aufzufangen.

Als dies getan ist, können wir uns in Ruhe der weiteren Planung widmen.
Wo Unordnung herrscht, muss zuerst Ordnung wiederhergestellt werden. Um Ordnung zu schaffen muss aufgeräumt werden. In einem vollgestopften Raum eine Neugestaltung zu planen ist schwierig. In einem leeren Raum fällt es viel leichter, kreativ zu werden und seiner Vorstellungskraft freien Lauf zu lassen.
In einem Garten verhält es sich gleich: In einer alles überragenden Vegetation verliert man den Überblick und in unserem Fall ist die störende Vegetation das Rapsfeld. Wir beginnen die kräftigen Stängel einzeln herauszuziehen. Da es kürzlich geregnet hat, gibt die lehmige Erde den Raps mitsamt der rundlichen Wurzel bereitwillig frei.
Als dies getan ist, wollen die unzähligen Stängel aufgehoben und kompostiert werden. Eine gute Gelegenheit, gleich einen Komposthaufen im hinteren Teil des Gartens einzuplanen und anzulegen.
Als dies getan ist, staunen wir über Dutzende von freigelegten Maulwurfshügeln und über das Auftauchen von vergessenem Gemüse, das

nun wieder das Licht der Sonne erblicken kann.
Einzelne Kohlstrünke stehen etwas verloren umher. Sie dürfen bleiben. Die oberen frischen Blätter werden später geerntet werden. Auch Rhabarber kommt zum Vorschein mit bereits gut entwickelten Blättern. Auch er darf bleiben. Die Blütenstände vom vorjährigen Lauch beginnen bereits dekorativ in die Höhe zu schießen. Wie kleine russische Zwiebeltürme sehen ihre papierenen Hüllen aus. Wie gut wir daran taten sie zu erhalten, zeigt sich Anfang Juli, als sich ein Schwalbenschwanz auf einer der lilafarbenen Blütenkugeln labt.

Das Jahr 2022 ist ein Eichenmastjahr. Eine Samenmast ereignet sich nur alle drei bis zwölf Jahre. Die Gartenerde unter den überhängenden Ästen der benachbarten Eichen ist im Herbst mit Eicheln übersät. Sie knirrschen unter dem Schuhwerk und werden beim Darüberlaufen in die Erde eingedrückt. Dafür sind sie dankbar und beginnen, ohne Zeit zu verlieren, zu keimen und gleichzeitig eine recht lange Pfahlwurzel in das Erdreich zu treiben. Im darauffolgenden Frühling ist ein dichtes Wäldchen von Miniatur-Eichen aus dem Boden geschossen. Es bleibt nichts anderes übrig als sie einzeln auszureißen. Verbleiben die jungen Triebe länger in der Erde, sind sie nur mühsam zu entfernen. Es wäre klüger gewesen, die Eicheln noch im gleichen Herbst zusammenzurechen und zu entsorgen.

Wie gelangt man in die einzelnen Räume und Teile des Gartens? Am besten über Wege. Wir zeichnen einen Plan des Geländes und unterteilen ihn in geschwungene Wege. Als Nächstes markieren wir diese auf der Erde mit langen Ästen und Steinen. Korrekturen können so gleich vor Ort gemacht werden.

Schön wäre eine Namensgebung der Wege: Allee der Mammutbäume, Avenue der Rosen, Rundgang der Hainbuchenhecken, Promenade der Fliederbüsche, Boulevard der Feigenbäume. Alles wohlklingende, leicht hochtrabende Namen. Die meisten der namensgebenden Pflanzen wie Flieder, Hainbuchen oder Rosen waren nur erst in meinen Gedanken vorhanden. Der erste Schritt einer Manifestation ist immer ein Gedanke. In meiner Vorstellung stehen sie bereits in voller Pracht.

Die schmalen Pfade zwischen den zukünftigen Beeten werden namenlos bleiben.

Die Streuobstwiese ist eigentlich in einem guten Zustand und bedarf in diesem Jahr keiner weiteren Pflege. Die Apfelbäume ragen aus einem grünen Teppich gewoben aus Giersch, Walderdbeeren, Löwenzahn, Hahnenfuß und Brennnesseln. Am Waldrand wachsen ein hal-

bes Dutzend Johannisbeersträucher. Schön dazu, rund um die alte Holzbank, wären ein paar Farne, Lungenkraut, Waldgeißblatt und ein zartgelbes, betörend duftendes Geißblatt, um den Waldcharakter zu betonen. Ebenfalls Atlantische Hasenglöckchen, die in England so beliebten „Bluebells". Was den Japanern die rosa Kischblüte, sind den Engländern die Blumenteppiche von blau-violetten Waldhyazinthen in den Buchenwäldern. Im Zusammenspiel mit Waldanemonen und Bärlauch. Sie wachsen aber auch in Belgien und Deutschland. Wildwachsend bei Manternach im Schluchtwald bin ich ihnen zum ersten Mal begegnet und ich erinnere mich noch genau an die Begeisterung, die sie bei mir hervorriefen. Wie die magische blaue Blume der Dichter...man muss sie einfach liebhaben!

Wir planen, höchstens zwei-, dreimal im Jahr die schmalen Pfade zwischen den Baumreihen zu mähen, nicht öfter.

Im hinteren Teil der Obstwiese fällt das Gelände in einer Ecke steil ab, in der charakteristischen Form der Öslinger Täler. Wucherndes Brombeergestrüpp und mannshohe Brennnesseln machen ein Durchkommen fast unmöglich. Diese wilde Ecke soll als naturbelassenes Rückzugsgebiet für Naturgeister erhalten bleiben. Auch Tiere sollen sich hier ungestört fühlen.

Alle Apfelbäume werden Namen erhalten in Form von schön schwingenden Wörtern wie Schönheit, Harmonie, Freude, Liebe und Dankbarkeit. Nächstes Jahr werden sie auf Holztäfelchen geschrieben und in ihre unteren Äste gehängt werden. Bäume sind Lebewesen. Ihnen einen Namen zu geben, wertschätzt sie und bestätigt ihr Dasein. Auch macht es mehr Freude, einen Namen auszusprechen, als eine Nummer.

Es ist an der Zeit, eine Bestandsaufnahme der Bäume des Gartens zu machen. Außer den drei Reihen Apfelbäumen gibt es einen alten Quittenbaum, zwei Spalierbirnbäume, mehrere Zwetschgenbäume und überall verstreut wildwachsende Haselnusssträucher. Eine kleine Besonderheit: Hinter dem Schuppen, verborgen im hohen Gras, leben vier Feigenbäumchen. Ein größeres, die andern drei noch sehr jung. Hier ist es vielleicht etwas zu schattig für diese lichthungrigen Bäumchen. Die drei jüngeren könnten an eine sonnigere Lage verpflanzt werden, als Feigenwäldchen, in dem eine Quelle entspringt...

## Fünfter Schritt

# *Gründung eines Baumtempels*

Das Rapsfeld ist verschwunden, aber Wege, Beete und Blumen sind noch nicht angelegt.

Nur leerer Raum.

Wo gibt es diese weiten, leeren Plätze? Vor einer Kathedrale zum Beispiel, oder vor einem Tempel.

Hier könnte ein Tempel entstehen; ein Naturtempel.
Ein grünes Heiligtum.
Ein Platz zum Meditieren, mit der Natur zu kommunizieren, im Einklang mit der Schöpfung.
Ein Ort des Rückzugs.
Die Vögel des Himmels könnten darin jubilieren.
Am schönsten wären majestätische Bäume mit hoher Säulenform.
Die unendliche Himmelskuppel darüber.

Der Tempel könnte mit Mammutbäumen gebaut werden, ihre Wurzeln wären das Fundament.
Es ist so gut wie beschlossen. Aus dem „könnte" ist ein „wird" geworden. Es wird ein Baumtempel hier entstehen. Er wird aus drei Sequoias bestehen, im Dreieck gepflanzt. Ein immergrüner Sequoia Dendron giganteum wird den Hauptteil darstellen. Zwei Meta-

sequoia glyptostroboides werden als Seiten-Säulen dienen. Die Tore dieses Tempels werden stets einladend weit offen stehen.

Der Metasequoia oder Urweltmammutbaum gilt als lebendes Fossil. Früher war er als ausgestorbenes Chinesisches Rotholz bekannt, da lange Zeit nur Fossilienfunde von ihm vorlagen. Erst im 20. Jahrhundert wurde die Art in China in einer abgelegenen Bergregion wiedergefunden.

Im Gegensatz zum immergrünen kalifornischen Dendron ist er laubabwerfend. Seine Nadeln sind viel weicher als die sperrigen des Dendron und haben eine schöne Herbstfärbung.

Ich begann mich bei Gärtnereien und Baumschulen nach drei Sequoias umzusehen. Einen schön gerade gewachsenen, ungefähr zehnjährigen Dendron fand ich bei meinem ersten Besuch. Für die beiden Metas musste ich bis nach Trier fahren. In einer Gärtnerei am Rande

der Stadt waren genau zwei auf Lager. In ihren Blumentöpfen standen sie geschwisterlich Seite an Seite und berührten sich mit ihren weichen Ästen.
Einer der beiden war etwas schmaler und schmächtiger. Trennen wollte ich sie nicht und so nahm ich beide mit.
Drei Pflanzlöcher graben, die drei Bäumchen einsetzen, Erde auffüllen, ausreichend gießen und die Gründung des grünen Baumtempels ist erfolgreich abgeschlossen.
Die Drei scheinen nun, mit in der Erde versenktem Wurzelbereich, niedriger als vorher im Topf. Giganteum, der größte, reicht mir gerade bis zur Schulter. Sie stehen weit auseinander, eine Notwendigkeit in Anbetracht ihrer zukünftigen Ausdehnung. Eine Einheit bilden sie noch nicht, oder nur mit guter Vorstellungskraft.
Rotholz wächst die ersten Jahre langsam, dann nimmt das Wachstum kräftig zu - bis zu einem Meter pro Jahr. Eine gute Eigenschaft für dieses Projekt!
Mögen die Äste der beiden Urweltmammutbäume sich irgendwann wieder berühren und sich aneinanderschmiegen...
Von ganzem Herzen sei ihnen gegönnt, tausend Jahre und mehr hier zu gedeihen...

Etwas fehlt. Ein Willkommensgeschenk. Das kommt in Form von Heilsteinen. Ein Bergkristall für jeden von ihnen, um sie mit der Frequenz von Mutter Erde zu verbinden und ein Rosenquarz, um ihnen Liebe zu schenken. Die anderen fünf Sequoias, welche im unterem Teil des Gartens eine Allee bilden, erhalten selbstverständlich die gleiche Gabe.

## Sechster Schritt

# *Anlegung von Wegen und Beeten*

Spaten, Hacke, Harke und Rechen; alles steht bereit zum Einsatz für das Anlegen von Wegen und Beeten.

„Gärten sind die zärtlichsten Spuren, die Menschen auf dieser Welt hinterlassen können."
Autor unbekannt.
Mein Lebensgefährte teilt in seinem Herzen die gleiche Begeisterung für Gärten wie ich. Als erster Schritt im neuen Garten zimmerte er einen stabilen, geräumigen Kasten für unsere praktischen Gartenhelfer. Versehen auf einer Seite mit dem Schriftzug „Dauwegaart", auf der anderen mit dem Abbild einer Taube.

Die Struktur des Gartens beginnt langsam Gestalt anzunehmen. Wir sind damit beschäftigt, die vorher markierten Wege anzulegen. Eine zeitraubende Arbeit. Das Gras seinerseits ist damit beschäftigt, munter in die Höhe zu schießen und kümmert sich nicht darum, was wir vorhaben. Fast hat es den Anschein, als wolle es sich ungebremst ausbreiten, gezielt an den Stellen, wo Wege vorgesehen waren.

Büschel über Büschel beginnen wir zu entfernen. Die nun - scheinbar - nackte Erde wird zentimeterhoch mit Rindenmulch abgedeckt. Das Ergebnis: Ein gepflegt aussehender Weg. Mutter Natur möchte aber keine gepflegten Wege in ihrem Ökosystem. Sie erklärt der Mulchschicht den Krieg und entsendet ein Heer von Grashalmen, um sie mit ihren spitzen Lanzen zu durchbohren. Im Spätsommer ist vom braunen Rindenmulch nicht mehr viel zu sehen. Erdkräfte haben den Weg zurückerobert und ihn neu ergrünen lassen. Das sieht auch viel natürlicher aus und kann gerne so bleiben.

Ein schmaler, sich zwischen Lavendel, Fetthenne und Rosmarin schlängender Pfad wird mit weißem Kies ausgekleidet. An ihm entlang werden mediterrane Beete entstehen mit sonnenliebenden Blumen. Leider haben wir die unbändige Wuchskraft des hier ansässigen

Queckengrases gänzlich unterschätzt. Schon nach wenigen Monaten bohren sich dessen harte Triebspitzen durch die Kiesschicht und bilden einen zartgrünen Flor auf der gesamten Länge dieses Pfades. Nun erinnere ich mich gelesen zu haben, dass vor dem Anlegen eines Pfades besser sämtliche Wildwuchswurzeln zu entfernen seien. Ich habe auch gelesen, dass es fast unmöglich sei, die Queckenwurzeln restlos zu entfernen. Bleibt auch nur ein winziges Teilchen erhalten, wird es mit Sicherheit wieder austreiben.

Was tun? Versuchen alle einzeln auszureißen oder abmähen? Den Kies wieder abtragen und die verbliebenen Wurzelreste gründlich entfernen? Im Augenblick fehlt hierzu die Entscheidungskraft, die nötige Energie und die Zeit. Diese Frage wird später geklärt werden.

Die bereits vorhandenen Wege werden gesäubert und von hohen Wildstauden befreit. In Zukunft werden sie nur abgemäht um als Grünfläche zwischen den farbenfrohen Beeten eine beruhigende Wirkung aufs Auge auszuüben.

Bei den Säuberungsarbeiten werden jede Menge Steine freigelegt, in allen Größen und Formen. Eine Blindschleiche wird dabei aufgescheucht. Heftig sich windend verschwindet sie im Giersch. Das bringt uns auf eine Idee. Dort, wo sie schutzsuchend unter der hohen Blätterdecke verschwand, werden wir alle aufgefundenen Steine zusammentragen. Sie werden verwertet als Lesesteinhaufen, als ökologischer Lebensraum für kleines Getier. Ein sowohl funktional wie ästhetisch reizvoller Unterschlupf für Blindschleichen, Kröten, Spin-

nen, Käfer und Larven.
So sammeln wir alle Steine auf und häufen sie in einer ruhigen, sonnigen Ecke. In die Mitte des Haufens wird ein rundliches Wurzelstück gelegt, das wie ein Auge herauslugt. Es beseelt das Stein-Gebilde.

Am Übergang des oberen Gartenteils zum tiefergelegenen Obstgarten gibt es einige Treppenstufen, die bis zur Mitte des Hangs reichen. Nach Regentagen ist die nackte Erde jedoch aufgeweicht und rutschig. Deshalb legen wir hier zusätzlich eine Reihe breiter Stufen an, die sich in sanftem Bogen an den Hang schmiegen. Am Rand werden sie mit Holzbohlen befestigt und mit Mulch aufgefüllt. So ist der Hang sicher zu begehen.
Während dieser Arbeiten huscht eine Feldmaus an uns vorbei. An ihrem Kinn bemerke ich eine rosig schimmernde Wölbung. Als sie dann wieder und wieder vorbei läuft, immer an der gleichen Stelle entlang, schaue ich genauer hin. Sie trägt ein noch nacktes Mausjunges vorbei; es ist bereits das vierte oder fünfte.
Wir sind der Wohnung der Maus mit unserem Treppenbau zu nahe gekommen. Sie zieht es vor, ihren Nachwuchs in Windeseile umzusiedeln.
An diesem Punkt ziehen wir uns leise zurück und lassen die fürsorgliche Mutter in Ruhe ihren Umzug ins neue Nest vollenden.

In den noch fast unbepflanzten Beeten taucht überall Vergissmeinnicht auf, worüber ich durchaus dankbar bin. Setzt es doch mit seinen unzähligen himmelblauen Blüten überall fröhliche Akzente. Im darauffolgenden Jahr hat es sich rasant ausgebreitet und überwuchert

bereits die benachbarten Jungpflanzen. Es muss Platz geschaffen werden, so leid es mir tut. Ich beginne, es zu entfernen und bringe einen ganzen Arm voll davon zum Kompost. Bei meiner Rückkehr ist meine Kleidung übersät von seinen anhaftenden Samen und leider auch der schmale Pfad zwischen den Beeten, wo ich die Vergissmeinnicht kurz abgelagert habe. Zu spät habe ich bemerkt, dass ihre Samen bereits reif sind und sich bei der kleinsten Berührung lösen. Im zweiten Jahr ist der gesamte Pfad unter einer duftigen Vergissmeinnichtwolke verschwunden.

Der neu angelegte Garten soll Lebensraum für möglichst viele Tierarten werden. Auch an die Vögel wird gedacht. Nistkästchen werden in den Bäumen und an der Wänden von Schuppen und Gartenhäuschen aufgehängt: Für

Blaumeisen, Kohlmeisen und Halbhöhlenbrüter wie Rotkehlchen und Gartenrotschwanz. Ein Kobel für den Gartenschläfer wird ebenfalls angebracht.
In den Ästen der Apfelbäume werden Blumentöpfe, gefüllt mit Stroh, für Ohrwürmer aufgehängt.

## Siebter Schritt

# *Einladung für Bestäuber*

Neben seiner neuen Bestimmung als Lebensraum für Redwoods wandelt sich der Garten allmählich auch in einen Lebensraum für Bestäuber.
Dort wo sich Liebe zu diesen wundervollen Bäumen mit Liebe zu fleißig summenden Bienen in Einklang befindet, kann sich ein Paradiesgarten auch für Bestäuber entfalten.
Ein bestäuberfreundlicher Garten ist ökologisch und frei von Neonikotinoiden, welche ganze Bestäuberpopulationen ausrotten können. Er bietet Schutz, Nahrung und Wasser für Bienen, Hummeln, Wespen, Schmetterlinge, Schwebfliegen, Käfer und Motten.

Ja, Motten sind ebenfalls wichtige Bestäuber. Die meist nachtaktiven Falter sind weitläufig verwandt mit der Insektenordnung der Schmetterlinge. Im Ökosystem haben sie eine nicht unwesentliche Bedeutung. Sie ernähren sich vom Nektar nachtblühender Pflanzen wie die Nachtkerze und verbreiten deren Pollen. Nähert sich eine Nachtmotte einer frisch geöffneten Nachtkerzenblüte, kann diese die Vibration des Falters wahrnehmen; „spüren", „hören". Sofort beginnt sie, ihren Nektar zuckerhaltiger zu produzieren, um sie anzulocken. Eine wunderbare Symbiose...

In diesem Frühling beschließt eine der vier Rhabarberstauden zu blühen. Ende April, an einem kühlen Tag, öffnen sich zögerlich

die ersten ihrer winzigen, cremeweißen, rosa angehauchten Blüten. Hundertfach hängen sie wie Glöckchen an ihren fünf spektakulären Blütenständen. Den Bienen ist es an diesem Tag zu kalt zum Ausfliegen. Eine einzelne Ameise ist hier auf der Suche nach Nektar. Auch Ameisen sind Bestäuber, aber nur zufällig. Der Pollen bleibt an ihnen haften, wenn sie sich eine Mahlzeit gönnen, aber sie haben

keine Verwendung dafür.

Bienen und Hummeln habe ich auch an den folgenden Tagen nie an der Rhabarberblüte gesehen. Anfang Mai tummeln sich Dutzende schwarz-rote Streifenwanzen auf den Blättern und besetzen die Stiele, welches ein farbenfrohes Bild abgibt.

Den Wildbienen und Hummeln wird im dreizehnten Schritt gewürdigt.

Ist von Wespen die Rede, geben sie meist ein Bild als unbeliebte und agressive „Störenfriede“ unserer sommerlichen Picknicks ab. Sie vermiesen die Grillsaison und werden im Spätsommer als lästig empfunden, wenn sie auf der Suche nach Zucker als Nahrung sind.
Es gibt viele Wespenarten, aber nur ganz wenige stechen und sind eine Gefahr für Allergiker.
Auch sie sind gute Bestäuber, werden aber oftmals als solche verkannt. Sie bekämpfen Schädlinge auf ökologische Art. Im Gegensatz zu Bienen fressen sie auch Fleisch und ernähren ihre Brut damit. Ein Wespenstaat vertilgt an einem Tag bis zu dreitausend Insekten wie Blattläuse, Spinnen, Fliegen und Mücken. Eine ganze Reihe von Pflanzen sind zur Bestäubung auf Wespen angewiesen.
Forschungen in der Medizin haben ergeben, dass das Gift einer Wespe Krebszellen zerstört, ohne die gesunden Zellen anzugreifen.

Hornissen, die größten unserer einheimischen Wespenarten, besuchen den Garten nur gelegentlich. Trotz ihrer tiefen, respekteinflößenden Brummstimme sind sie eher scheu und friedlich.

Eine hochinteressante Insektenart sind die Schwebfliegen. Als herausragende Bestäuber verstehen sie die Kunst der Täuschung. Sie kleiden sich in gelb-schwarz gestreift und signalisieren damit Gefahr. Von Bienen unterscheiden sie sich durch ihre großen Facettenaugen und besitzen keinen Stachel. In den nördlichen Ländern, wo es zu kalt für

Bienen ist, sind sie anzutreffen und erfüllen hier eine wichtige ökologische Funktion als Bestäuber.
Sie sind wahre Flugakrobaten. Bis zu dreihundert Flügelschläge in der Sekunde lassen sie in der Luft stehen. Im Schwirrflug können sie blitzschnell vor- und rückwärts fliegen: Die Kolibris unter den Insekten sind sie.
Sie sind Langstreckenflugkünstler. Im Spätsommer beginnen sie ihre Wanderung von Norden nach Süden. Von England herkommend, überqueren sie den Ärmelkanal und fliegen über Alpen und Pyrenäen bis nach Südfrankreich. Auf diese Weise geschieht hier ein wichtiger Austausch der Genetik. Honigbienen können das nicht. Ihr Radius beträgt nur einige Kilometer. Wildbienen haben einen noch weit kürzeren Radius.
Schwebfliegen sammeln keinen Nektar für ihren Nachwuchs. Sie legen Eier in morsches Holz, in Kuhfladen oder direkt bei Läusen ab. Ihre Larven fressen dann die hier vorhandenen kleinen Insekten.

Es genügt nicht, nektar- und pollenreiche Pflanzen anzusiedeln, um Insekten anzulocken. Wirtspflanzen, wie die Brennnessel, müssen als Raupenfutter vorhanden sein.

Bienen und Hummeln brauchen Nahrung während ihres gesamten Lebenszyklus. In einer biologischen Oase soll deshalb fast das ganze Jahr über, von Februar bis Oktober, Blühendes zu finden sein. Oft entsteht im Frühling und Herbst eine Lücke in ihrer Nahrungskette; die Insekten drohen zu verhungern.
Hier kann das indische Springkraut Leben retten. Seine Blütezeit

reicht von Juni bis in den späten Oktober. Sein Nektar enthält fünfzig Prozent Zucker und sein Pollen ist ebenfalls zuckerhaltig.
Das indische Springkraut ist ein Neophyt, ein Einwanderer. Von manchem Botaniker nicht gern gesehen oder nicht einmal geduldet, da es auf feuchtem Grund gerne Land für sich erobert und einheimische Pflanzen verdrängt. Ich finde seine Blüten ausserordentlich hübsch. Wie kleine Gondeln in harmonisch abgestuften Rosatönen, einladend geöffnet für hungrige Gäste. Ein Wunderwerk der Natur.
Beim Anlegen unseres Bestäubergartens achten wir darauf, die Stauden in Gruppierungen anzupflanzen. Besonders im Frühling hilft das den Bienen, bei ihren ersten Ausflügen Energie zu sparen. So müssen sie keine weiten Wege zurücklegen, um von einer Blüte zur nächsten zu gelangen.
Außen an der Baumkathedrale entlang säe ich im Juni die Gründüngung Bienenfreund, auf einer Länge von über zehn Metern und einer Breite von etwa einem Meter. Eine einjährige wunderbare Nahrungsquelle für Bienen und Hummeln. Sie wird noch in der gleichen Saison blühen und dann ihre Blütenstände schneckenförmig nach außen drehen. Ihre Wurzeln reichern den Boden organisch an und ihre farnartigen Blätter sowie die filigranen blau-lila Blüten sind für den Menschen eine Freude. Mit etwas Glück wird sie sich im nächsten Frühling selbst aussäen. Phacelia kommt in der Gruppenpflanzung erst so richtig zur Geltung.

Nachtkerze, Beinwell, Wilde Karde und Goldrute breiten sich mittlerweile ungehemmt im Garten aus.
Im September, wenn das Nektarangebot zurückgeht, werden die

neun hohen Asternstauden erblühen, welche als kleine Hecke angelegt sind. Ein spätsommerliches Fest für Bienen, Schwebfliegen und Schmetterlinge.
Das Taubenschwänzchen liebt Flammenblumen, Sommerflieder und Lavendel. Es ist immer wieder ein kleines Ereignis, wenn es aus dem Nichts auftaucht und im Schwirrflug von Blüte zu Blüte tanzt.

Wir Erdenbürger sind abhängig von Bestäubern. Der größte Teil unserer pflanzlichen Nahrung, Gemüse, Obst und Nüsse, werden von Insekten bestäubt. Nur ein kleiner Teil davon übernimmt der Wind. Beißen wir in einen Apfel, sind wir uns kaum bewusst über die vorherige fleißige Leistung der Bestäuber an der Apfelblüte. Sie sorgen dafür, dass sich eine Frucht entwickeln kann.
Einstein soll einmal gesagt haben: „Gäbe es keine Bienen mehr, gäbe es vier Jahre später keine Menschen mehr."

Im ersten Vollfrühling im neuen Garten gibt es eine herzerwärmende Szenerie auf der Streuobstwiese. In den Kronen der rosablühenden Apfelbäume summt es fleißig und unermüdlich. Auf der Erde blüht gleichzeitig der Giersch weiß-duftig wie eine kleine Nebelbank. Fleißig und unermüdlich summt es auch hier. Es ist erstaunlich, wie viele Bienen und Hummeln die filigranen Gierschblüten umschwirren.

Im ersten Sommer säe ich in den neu angelegten Beeten hauptsächlich Ringelblumen, Wilde Malven, Akelei und Borretsch aus. Es ist eine Freude, ihnen beim schnellen Keimen und Wachsen zuzusehen. Die Blumen entwickeln sich rasch und es dauert nicht lange, bis die

Bestäuber sie entdecken. Schwebfliegen tauchen auf. Sie besuchen bevorzugt gelbe Blüten wie die Goldrute, welche sie in Scharen wie kleine Wolken umschwirren.

Der Hauptweg wird rechts von einer Fliederhecke abwechselnd in violett und lila gerahmt. Flieder ist für Insekten kaum interessant, da er wenig Nektar und bitteren Pollen hat. Er bildet hier im Bestäubergarten eine Ausnahme. Jedoch dient er ihnen als Schutz vor rauen Winden. Für die menschlichen Sinne ist der Flieder mit seiner Farbenpracht und seinem betörenden Duft ein Quell der Freude.

Auf dem gegenüberliegenden Grünstreifen sind paradiesische Zustände für die Bestäuber. Hier wachsen Sommerflieder und Blauraute, in einer harmonischen Farbkombination in verschiedenen Blau- und Violetttönen. Kleiner Fuchs, Admiral, Tagpfauenauge, Kaisermantel und Taubenschwänzchen umgarnen die Blütenrispen bis in die Abendstunden hinein.
Zu viel Sommerflieder, zu viel des Guten, wie auch Borretsch, kann eine Gefahr für die Schmetterlinge sein. Sie können davon wie einen Rausch bekommen - ihr Flug wird verlangsamt und seltsam - und sie werden eine leichte Beute für Vögel.
Vor der Fliederhecke, jeweils am Kopfende eines Beetes, bilden Astern im Spätsommer eine kleinere, farbenfrohe Heckenallee. Bis weit in den Herbst hinein sind Bestäuber Dauergäste.

Im ersten Herbst ist das Phaceliafeld voll erblüht. Ich kann die Begeisterung der Bienen und Hummeln für das späte, reichhaltige

Nahrungsangebot förmlich spüren. Das kleine Volk umgarnt das blaue Feld und erfüllt es mit freudiger Lebendigkeit.

Im ersten Winter, pünktlich zur Wintersonnenwende, erblühen die Christrosen in altrosa Nuancen, bevor sie dann zum Frühlingsanfang von den Lenzrosen abgelöst werden. Einige unermüdliche Gänseblümchen lugen im winterlichen Gras hervor. In den Blumenkübeln zeigen sich lila-gelb blühende Hornveilchen unerschrocken den ganzen Winter über.
In den letzten Februartagen warten fünfzehn verschiedene blühende Blumen geduldig auf die ersten Bienen- und Hummelköniginnen: Die letzten Christrosen, die ersten Lenzrosen, Winterlinge, Schneeglöckchen, Märzbecher, Krokusse, Primeln, Veilchen, Ehrenpreis, Hornveilchen, Lungenkraut, Blaukissen, Narzissen, Scharbockskraut und Gänseblümchen. Bei den Bäumen zeigt die Kornelkirsche erste gelbe Blüten. Welch unglaublicher Reichtum und Vielfalt!

## Achter Schritt

# *Bepflanzung eines Hangbeetes*

Am Übergang des vollsonnigen Bereichs zu der waldnahen Obstwiese liegt ein naturbelassener Hang von zwanzig Metern Länge und mehreren Metern Breite. Er verbindet die beiden Ebenen auf eine sanfte Art. Breite Stufen durchqueren den Hang und führen geschwungen hinab. Rechts der Stufen thront ein malerisch ausladender Quittenbaum am Hang.

Unterhalb dieser Böschung entsteht, fast wie von selbst, ein schmaler Pfad. Wir beginnen größere Steine zu sammeln, um damit den Rand des Pfades zu befestigen. Gleichzeitig kann dadurch sein geschwungener Verlauf betont werden. Dies sieht schön verträumt aus und bietet zudem Schutz und Versteckmöglichkeiten für allerlei Kleingetier.

Bewachsen ist dieser Hang hauptsächlich mit hohen Grasbüscheln, Brennnesseln, Walderdbeeren, Giersch und Hahnenfuß. Gelbe Lichtpünktchen inmitten eines wogenden, grünen Meeres. Wie heißt es so schön: Brennnesseln und Giersch wachsen immer. Dieses Wildgemüse steht auch dann zur Verfügung, wenn das in Reih und Glied gepflanzte Gemüse bei Trockenheit oder von Schädlingsbefall betroffen ist.

Eine andere, etwas seltsam anmutende Pflanze ragt einzeln aus diesem grünen Pflanzenmeer empor. Sie sieht aus wie die Miniaturausgabe einer urweltlichen Palme, mit kreuzgegenständig geometrisch angeordneten Blättern. Diese sind lanzettenförmig, blaugrün mit einem hellen Streifen durch die Mitte und rosa angehauchten Blattspitzen. Es handelt sich um die Kreuzblättrige Wolfsmilch.

Ich erinnere mich daran, sie in alten bäuerlichen Nutzgärten gesehen zu haben, wo sie als Wühlmaus-Abschreckung zwischen dem Gemüse wuchs. Ich erinnere mich jedoch nicht daran, jemals an diesem Gewächs Blüten gesehen zu haben. Das liegt wohl daran, dass sie

zweijährig ist und ich immer nur den ersten Austrieb zu sehen bekam. Diesmal werde ich ein Auge auf sie haben. Tatsächlich entwickelt sie im Laufe des Juni einen Fruchtstand. Diese Wolfsmilchart scheint eine Pflanze zu sein, die nur aus Ausnahmen besteht. Ihr Fruchstand ist abenteuerlich fantasievoll gestaltet. Kugelförmige Kapselfrüchte, Springfrüchte, sehen aus wie kleine dreigeteilte Kürbisse oder gar wie Turbane mit einer kleinen Feder obenauf als Schmuck. Die Blütendolden, die gleichzeitig erscheinen, bestehen aus unscheinbaren, millimeterkleinen blassen Blüten. Sie ähneln den weit aufgerissenen Schnäbeln von Nestlingen mit einem soeben verfütterten Insekt im Schlund.
War ihre Anwesenheit auf diesem Hang ein Hinweis darauf, dass früher hier Gemüse angebaut wurde? In diesem Gefälle?

Im Mai haben wir die Böschung mit dem Freischneider abgemäht. Es war ziemlich anstrengend, da der obere Bereich recht steil ist. Ich beginne darüber nachzudenken, wie ein künftiges Abmähen zu vermeiden wäre.
Eine Bepflanzung wäre eine Möglichkeit. Die Bepflanzung eines Hanges ist aber immer eine Herausforderung.
Rosen. Der Hang wird ganzflächig mit Wildrosen bepflanzt werden. Die Kartoffel- oder Apfelrose, wie sie auch genannt wird, bietet sich mit ihren Eigenschaften geradezu an für dieses Gelände. Ihre Hauptwurzel sorgt für eine gute Verankerung und das dichte Geflecht ihrer Seitenwurzeln wird die Erde daran hindern, immer wieder abzurutschen. Sie bildet auch viele Ausläufer. In einigen Jahren wird sie die Erde gut durchwurzelt haben und bereits ein kleines Dikicht bilden.

Wildkräuter werden so größtenteils unterdrückt. Sie kommt ohne viel Wasser aus und blüht den ganzen Sommer über. Sie duftet sehr gut und lockt mit ihren ungefüllten Blüten viele Bienen an. Im Herbst können die Amseln sich an ihren großen, saftigen Hagebutten laben. Sie ist robust, anspruchslos, schädlings- und krankheitsresistent. Der Neuaustrieb hat eine hübsche Form und ist von erfrischend hellgrüner Farbe. Dazu besitzt sie eine schöne Herbstfärbung.
Vor meinem geistigen Auge sehe ich die ganze Fläche bereits in üppiger Blütenpracht, rosafarben und weiß leuchtend.

Erst einmal muss ich zum Gärtner. Sechzig wurzelnackte, zurecht gestutzte Rosenstöcke am Morgen abholen, sie zum Garten bringen und schnellstmöglich in Wasser eintauchen. Hier warten sie darauf, eingepflanzt zu werden; die weißen mit einem weißen Bändchen versehen. Möglichst schnell, da der Tag verspricht, sehr heiß zu werden. Ich beginne, die Pflanzlöcher auszuheben. Das geht bei weitem nicht so zügig, wie ich gedacht habe. Vor dem Graben muss die Oberflächen-Begrünung mitsamt der Wurzeln entfernt werden.
Diese Arbeit hätte ich vorher erledigen können, wie mir nun schmerzhaft klar wird. Spätestens beim zehnten Pflanzloch wird mir das ganze Ausmaß dieser Arbeit bewusst. Jammern hilft nicht, alle Rosen müssen heute noch in die Erde. Pflanzloch ausheben, Rosenstock hineinlegen, zuschütten, bewässern, Erde festdrücken. Sechzig mal. Erschwerend kommt hinzu, dass ich mehrmals an den vorgesehenen Pflanzlöchern mit dem Spaten auf einen größeren Stein stoße. Der muss erst einmal ausgehebelt werden.
Am späten Nachmittag ist es sehr heiß geworden. Ich komme ins

Schwitzen und ziehe dadurch die Stechmücken an. Sie beginnen mich unter feinem Gesumme zu umschwirren und mir ihren Stechrüssel in die Haut zu bohren.
Morgen werde ich mit juckenden Quaddeln übersät sein.
Dankbar für die langen Tage vor der Sommersonnenwende arbeite ich weiter und beende meine Arbeit gegen zehn Uhr am Abend. Ich bin erschöpft und heilfroh, es geschafft zu haben.

Am nächsten Morgen bin ich wieder zur Stelle; zum Gießen. Das ist bei anhaltender Hitze dringend notwendig. Bei meiner Ankunft wartet eine böse Überraschung auf mich. Eine ganze Anzahl der Rosen sind in Schieflage geraten und ihre Blätter sehen müde aus. Während der Nacht hat der Maulwurf, anscheinend Hausherr dieses Hanges, meine Arbeit einer präzisen Überprüfung unterzogen. Gezielt an Stellen, wo die Rosen eingesetzt worden waren, hat er Hügel aufgeworfen. Dutzende davon.
Ich verbringe den heißen Tag damit, die Rugosa-Rosen wieder zurechtzurücken, fest anzudrücken und zu gießen. Mit einem Holzpflock markiere ich noch die Stellung jedes Rosenstocks aus Gründen der Übersicht. Ein paar Wochen später sind die Kartoffelrosen fast in einer wogenden Wildwiese versunken und sind nur dank der Markierungen noch zu erahnen.

Leider haben einige Rosenstöcke diese lange Pflanzprozedur nicht überlebt.

## Neunter Schritt

# *Aufstellung eines Laubenganges*

Der im Juli neu angelegte obere Gartenbereich sieht recht flach aus. Der Sommerflieder und die Astern befinden sich noch im ersten Wachstumsstadium. Die Fliederhecke - gerade einmal kniehoch gewachsen. Der imponierendste Mammutbaum des Tempels reicht mir erst bis zur Schulter.

Weitere Bäume würden zu viel Schatten auf die sonnige Lage werfen. Hier oben sollten lichtliebende Blumen und Stauden wie Lavendel, Fetthenne und Wilde Malve für das Bienenglück sorgen.

Es fehlen hohe Elemente, die die Höhen-Dimension erweitern und betonen.

Umrankte Spaliere würden eine sofortige dreidimensionale Perspektive in den Garten zaubern. Besser noch, ein Laubengang. Ein be-laubter Gang.
Er schützt vor Wind, begrenzt die Beete, beschattet den Weg - was im Sommer angenehm ist. Dicht begrünt mit hochkletternden Pflanzen bildet er ein gewölbtes, dekoratives Element im Garten.

Eine Arkade lenkt den Blick auf einen Anziehungspunkt. In unserem Fall ist das der Baumtempel, der schon angelegt wurde.

Die Entscheidung, ob Holz oder Metall, ist nicht einfach. Sie fällt aus zugunsten von drei gewölbten Rosenbögen aus Metall. Schnell sind sie ausgewählt, gekauft und zum Garten gebracht. Nicht so schnell geht die Montage vonstatten. Mit ihrer Fertigstellung hat der Garten seine erste Höhen-Dimension erreicht.

Durch das Aufhängen von Feng Shui Kristallen an den Rosenbögen wird die Energie im Laubengang erhöht. Bei Sonnenschein drehen sie sich im Wind und streuen schillernde Muster in bunten Regenbogenfarben über die Beete. Eine Saat von Lichtfunken. Magisch!

## Zehnter Schritt

# *Ankündigung: eine Königin und ihr Hofstaat*

Der neu angelegte Laubengang scheint gut strukturiert, aber deutlich zu kahl. Es fehlen mehrjährige Kletterpflanzen. Geeignet für einen Laubengang sind Wilder Wein, Efeu, Waldreben, Blauregen oder Kletterrosen.
Die Entscheidung fällt zugunsten der Königin der Blumen, der Rose. Sie ist Symbol für reine Liebe und Schönheit. Allen Gartenbewohnern wird verkündet, dass eine künftige Königin samt Hofstaat hier residieren wird. Ihr zu Ehren wird ein Fest veranstaltet und alle sind eingeladen.

Von allen Blumen hat die Rose die höchste Schwingung. Mit einer Frequenz von dreihundertzwanzig Hertz erhöht sie auch die Frequenz im Garten.
Die Kletterrose „New Dawn" ist frostunempfindlich und robust. Sie liebt es, ihre Wurzeln tief in lehmige Erde zu graben. Diese ist hier präsent, um die hohe Herrin zu empfangen. Von Juni bis Oktober blüht sie und schlingt sich an einer Rankhilfe rasch bis zu fünf Metern empor. Die Farbe ihrer edlen halbgefüllten Blüten ist perlmuttrosa. Eine halbgefüllte Blüte erfreut die Biene. Perlmuttrosa erfreut das menschliche Auge. Am herrlichen Duft erfreuen sich Biene und Mensch gleichermaßen.

Eine Königin besitzt einen Hofstaat mit Vertrauten und Bedientesten. Als Hofdamen sind Ihrer Hoheit die Waldreben zur Seite gestellt. Sorgfältig wurden sie ausgesucht nach blass-bläulich adeligem Teint. Wie alle Edeldamen sind sie etwas empfindlich. Ihre Füßchen möchten es lieber schattig, während der Oberkörper sich in einer sonnigen Lage wiegen möchte. Sie umschmeicheln ihre Herrin, umschlingen sie liebevoll mit ihren beweglichen Blattstielhänden und schauen bewundernd zu Ihr auf. Zu Ihr, die vornehm über ihre Begleiterinnen herausragt.

Zu Füßen der Königin leben ihre treuen Vasallen, die Blaunesseln, Glockenblumen, Pracht-Storchschnabel und Lavendel. Mit ihrer einmaligen blau-violetten Blütenpracht unterstreichen sie die Reinheit der Rosenblüten und unterstützen ihr Leuchten. Zwischen ihnen ragen einige markante Steine aus der Erde. Sie sehen aus wie die Überreste einer ehemaligen Burgmauer. Abends geben sie das gespeicherte Sonnen-Feuer an die pflanzlichen Nachbarn ab, um ihre grünen Herzen zu wärmen.

Harmonie und Vollkommenheit!

Die Völker der Bienen, Hummeln, Schmetterlinge, Schwebfliegen, Wespen und Rosenkäfer kommen in Scharen, um Ihrer Königlichen Hoheit samt Hofstaat die Referenz zu erweisen. Als Belohnung wird ein reichhaltiges Büffet mit Pollen und Nektar angerichtet. Alle laben sich daran, summen und brummen munter durcheinander, bis das Fest am späten Nachmittag langsam ausklingt.
Die Vasallen schließen ihre Fensterchen, die Edeldamen neigen müde das Köpfchen und die königlichen Kronblätter senken sich zum Schlaf. Die Sonne versinkt hinter der Hecke, der Mond taucht bereits im Geäst der alten Eiche auf und erste Nachtfalter flattern heran, auf der Suche nach einem noch geöffneten Feinkostladen.

## Elfter Schritt

# *Wahrnehmung von Elementen, Elementarwesen und Symbolen*

Nun strahlt der Garten Schönheit aus. Gottes unendliche Schöpferkraft blitzt überall hervor. Es summt und brummt aus allen Ecken. Vogelgezwitscher erfüllt die Luft, herausragend der jubilierende Gesang der Mönchsgrasmücke. Das feine Lied des Rotkehlchens erklingt unermüdlich bis weit in den Abend hinein. Ein Rotmilan nutzt die Thermik und lässt sich hoch in den Himmel tragen.
Überall vorhanden und doch versteckt, zeigt sich die Fibonacci-Spirale. Dieser geheime Code der Natur, in Blumenköpfen, Baumzapfen und Schneckenhäusern gegenwärtig, ist Ausdruck der göttlichen Harmonie. Die Blätter einer Pflanze sind in einer Spiralform so angeordnet, dass sie alle den gleichen Anteil an Sonnenlicht erhalten. Eine Manifestation der Schöpfung.

Harmonie und Gleichgewicht im Garten sind Grundlage für das Wachstum von Tieren und Planzen.
Dafür sorgen die vier Elemente. Sie beeinflussen die Umwelt. Sind sie aus dem Gleichgewicht geraten, etwa infolge menschlicher Eingriffe, können sie schwere Schäden für die Umwelt verursachen.

Wir brauchen die Erde, die uns nährt, die Sonne, die uns wärmt und Energie schenkt, das Wasser zum Leben und die Luft zum Atmen.
Die Elemente sollten geschützt und respektiert werden. Wir können

eine Beziehung zu ihnen aufbauen und im Garten Symbole aufstellen, um sie zu würdigen.
Das Element Erde ist tragendes Element im Garten. Alle Blumen, Sträucher und Bäume wurzeln im Erdreich, werden darin genährt und finden hier die Kraft, sich dem Sonnenlicht entgegen zu strecken. Das Sonnenfeuer ermöglicht die Fotosynthese der Pflanzen. Das Element Wasser, meist in Gestalt von Quellen und Regen, stillt Durst und fördert Wachstum. Das Element Luft, in Form des Windes, trägt den Samen von Sporenpflanzen und Windbestäubern weiter, um sich anderswo anzusiedeln und zu keimen. Über allem schwebt das Prana mit seinen Lichtwesen, die über die Schöpfung wachen.

In allen vier Elementen leben Elementarwesen. Undinen leben im Wasser, Salamander im Feuer, Gnome in der Erde und Sylphen in der Luft. In den Bäumen wohnen Devas und Hamadryas.
Das Element Erde kann durch Aufstellen einer Zwergenfigur dargestellt werden, die in der Erde leben und Mineralien pflegen. Das Element Feuer kann durch eine Sonnenuhr oder eine Feuerstelle dargestellt werden, das Element Wasser durch einen Weiher oder einen Bachlauf. Das Element Luft kann durch Aufhängen eines Windspiels dargestellt werden, das Element Äther durch ein heiliges Mantra.

Die Elemente werden auch durch die Symbole der platonischen Körper dargestellt: Das Tetraeder für das Element Feuer, das Hexaeder für das Element Erde, das Oktaeder für das Element Luft, das Ikosaeder für das Element Wasser und das Dodekaeder für das göttliche Prana.

Symbole sprechen zu unserem Unterbewusstsein. In allen alten Hochkulturen waren sie bereits vorhanden. Es gibt hunderte von Symbolen weltweit, in Nah- und Fern-Ost, germanische und keltische.
Die indischen Veden haben den Klang der Schöpfung vor Urzeiten dargestellt durch die heilige Silbe des A U M, aus dem Sanskrit Alphabet.
Ein anderes, Jahrtausend altes mystisches Symbol der heiligen Geometrie, ist die Blume des Lebens. Es ist weltweit verbreitet, meistens in Stein gemeißelt.
Diese Heilmantras, zum Beispiel auf Holz aufgemalt oder eingebrannt, in einem Baum aufgehängt oder an ein Gartenmäuerchen gelehnt, können eine wundervolle Energie im Garten verbreiten.
Der Geomantie-Experte und Künstler Marko Pogačnik gestaltet energetisch aufgeladene Kosmogramme, welche er in Steine einmeißelt.

Diese werden daraufhin im Kreis aufgestellt, um mit der Erdseele in Kontakt zu treten.
Jeder kann seine eigenen Kraftsymbole entwerfen und seinen Garten oder sein Umfeld damit aufladen. Pflanzen sind beseelt und können spüren, wenn wir ihnen mit offenem Herzen begegnen.

Vielleicht sind die für diesen Garten zuständigen Lichtwesen längst geflüchtet; es gilt nun, sie zur Rückkehr einzuladen. Der Garten wurde vorher bewirtschaftet, um möglichst viel Gewinn zu erzielen. Niemand kam auf den Gedanken, ihm etwas zurückzugeben. Dadurch wurde der Lebensraum der Naturgeister stark eingeschränkt. Wird ein Garten dagegen mit Gefühl und Hingabe gepflegt, erhöht sich die vorhandene Schwingung. Die Wesenheiten der feinstofflichen Welt können dann in allen Elementen anwesend sein.

In einem kleinen Gefäß aus Naturmaterial, zum Beispiel auf einen flachen Stein gestellt, können wir ihnen von Herzen kommende Gaben hinterlegen; in Form von Wasser, Blumen oder einem kleinen Heilstein. Ein Versuch, mit dem für uns unsichtbaren Naturreich der Elfen, Feen und Gnome Kontakt aufzunehmen und ihnen unsere Achtung zu zeigen. Sind sie es doch, die für das Gedeihen der Pflanzen verantwortlich sind. Wir legen ein Samenkorn in die Erde und durch ihr Wirken kann es keimen und sich entwickeln.

## Zwölfter Schritt

# *Gestaltung eines Steinkreises*

Der weite Innenraum des Baumtempels ist nahezu eben und nahezu leer. Nur vor dem Riesenmammutbaum ist ein ansehnlicher Rosenquarz aufgestellt.
Spielerisch lege ich einige herumliegende Steine so um ihn herum, dass sich der Anfang einer Spirale andeutet.
Und dann sehe ich ihn. Im mystischen Nebel der Zukunft noch, aber unverkennbar. Den Steinkreis. In diesem Garten. Hier, im Zentrum des lebendigen Baumtempels, soll er aufgebaut werden. Von hier aus soll er wirken und die Energie im Umfeld erhöhen. Es gilt nun, Feldsteine zu sammeln, aufzuladen und im Garten als Spirale mit einem mittleren Kreis auszulegen. Ein paar hundert Steine werden nötig sein, um einen hochschwingenden Heilkreis von ungefähr zehn Metern Umfang zu bilden.

Steinkreise sind überall auf der Erde zu finden. Es gibt seit Menschengedenken unzählige davon. Es sind Kultplätze, an denen Rituale abgehalten wurden und Kontakt mit der Anderswelt gesucht wurde. Es wäre möglich, dass sie alle miteinander verbunden sind. Ein Netz, weltweit...Dieser Gedanke ist wirklich erfreulich.

Die uralten Ackersteine oder Felsbrocken, aus denen die Kreise bestehen, wurden durch Wind und Wetter geschliffen und strukturiert. In ihnen ist undenkbar viel gespeichert. Physiker haben festgestellt, dass eine Interaktion mit Menschen möglich ist. Bewegen sie sich in einer gewissen Art und Weise in der Spirale und nehmen mit bestimmten Steinen Kontakt auf, kann die Hertzfrequenz gleichgeschaltet werden.

Diese Formationen bauen ein elektromagnetisches Kraftfeld mit sehr hoher Frequenz auf. Die Heilwirkung auf das Umfeld kann sich dreißig Kilometer weit ausdehnen.

Die Boviseinheit eines Heilkreises liegt bei mehreren Millionen. Zum Vergleich: die Boviseinheit eines gesunden Menschen beträgt um die achttausend.

Einen Heil-Energie-Kreis kann man überall in der Natur auslegen; mit Ackersteinen, Muscheln, Ästen, Tannenzapfen oder Blütenblättern. Er kann eine rundliche, ovale, spiralförmige Form haben oder die einer liegenden Acht, das Zeichen für die Unendlichkeit. Rechtsdrehend können die Kreise gute Energie fördern, linksdrehend

negative Energien entfernen. Ein Ort der Kraft wird immer barfuß betreten, um die Energien der Erde besser aufnehmen zu können. Auch aus Respekt vor den Elementarwesen. Beim Betreten des Kreises kann man einen Wunsch formulieren. Im heiligen Tor der Mitte, dem Zentrum der Lebenskraft, kann man diesen Wunsch lassen und um Erfüllung bitten. Als Dank kann eine kleine Gabe hier hinterlassen werden. Das kann ein Räucherwerk, eine Blume, ein Stückchen Obst, ein Heilkraut oder sonstiges sein.

Der Bau des Heilkreises im Garten ist so gut wie abgeschlossen. Doch etwas stimmt nicht. Der Rundweg der Spirale ist so schmal, dass ich meine Füße vorsichtig aufsetzen muss, um die seitlichen Steine nicht zu berühren. In der Kreismitte angekommen, wird mir jedesmal leicht schwindlig.

Eine Stimme flüstert mir zu, den Weg in der Spirale zu verbreitern, den Rindenmulch durch Sand zu ersetzen und einen größeren Stein in der Kreismitte aufzustellen. Ich bin dankbar für diesen Rat. Barfuß über trockenen Rindenmulch zu gehen ist alles andere als angenehm. Sand, sowohl in trockenem als in nassem Zustand, fühlt sich weich

unter den Fußsohlen an. Angenehm zu berühren ist er auch. Sand besteht größtenteils aus Quarz und stellt somit eine Verbindung zu den Steinen her. Sand besitzt Leuchtkraft und gibt immer ein sonniges Bild ab, sogar an Regentagen.

Ich beschließe den Rat anzunehmen. Die Steine der bestehenden Spirale müssen alle verschoben und neu angeordnet werden. Danach wird der gesamte Mulch abgetragen und durch feinen, reinen Spielsand ausgetauscht. Zum krönenden Abschluss wird ein hochragender Steinblock in die Mitte des Heilkreises gesetzt, der in seiner Form an einen kleinen Menhir erinnert. Unterstützt wird er von Kristallen, Quellen des Lichtes und der Energie. Sie kommen aus der Tiefe von Mutter Erde zu uns, um uns mit ihren wunderschönen Farben und Formen zu erfreuen und mit ihrer Lichtkraft zu heilen.

Ein flacher Teil einer Amethystdruse als sanfter Erhöher der Schwingung kommt an die Vorderseite des Hauptsteines. Rechts wird er flankiert von einem klaren Bergkristall; Symbol der Verbindung zur Erde. An seiner linken Flanke findet nun der Rosenquarz seinen neuen Platz; zur Verankerung der Liebe. An der Rückseite leuchtet ein zartgrüner Apophyllit aus den indischen Bergen; zuständig für Heilung auf der Seelenebene.

Die Erd-Energie im Heilkreis wird durch die breitere Wegführung, das Einbringen von Sand und das Austauschen des zentralen Steines, sehr stark aufgewertet und harmonisiert. In Begleitung der Kristalle baut sich ein wunderbares Kraftfeld auf.

## Dreizehnter Schritt

# *Abschirmung durch Hecken*

Was bezeichnet man als Hecke? Die benötigten Zutaten sind Sträucher - gerne ein linienförmiger Streifen. Braucht es zwei, drei oder eine ganze Anzahl Sträucher, um eine Hecke zu bilden? Wildwachsendes Gebüsch breitet sich im freien Feld nicht in Form einer Linie aus, sondern eher gestreut. Am Waldrand, wo sich Sträucher unter dem Schutz der ersten Baumreihe ansiedeln, wachsen sie jedoch bevorzugt in Form einer ausgedehnten Linie. So bildet sich das, was wir als Hecke bezeichnen.

Hecken spielen in der Natur eine bedeutende Rolle. Sie sind Lebensraum für Vögel wie die Heckenbraunelle, Insekten und Kleintiere wie der Igel. Sie bieten oft mit ihren Dornen Schutz vor Fressfeinden und schützen vor Hitze, Wind und Regen. Sie gliedern die Landschaft.
Interessant ist die Benjeshecke, benannt nach Hermann Benjes, dem „Erfinder“ dieser Heckenart.
Ausgangsposition dieser ökologischen Variante ist gestapelter Strauch- und Baumschnitt. Vögel lassen sich darauf nieder und Samen, die sich in ihrem Kot befinden, können im Schutz dieser Ablagerungen keimen. So entsteht aus sogenannten Abfällen mit der Zeit eine neue Hecke. Gleichzeitig bietet dieser Gehölzschnitt, locker aufgehäuft, als Totholz Lebensraum für die verschiedensten Tierarten.
Eine Hecken-Neuanpflanzung ist hier nicht nötig. Das Ganze zum Nulltarif! Es braucht nur etwas Zeit.

Das erste, was sich bei der Besichtigung des „Dauwegaart“ zeigt, ist eine Hecke, die das Grundstück von allen Seiten umschließt. Auf der Waldseite besteht sie abwechselnd aus sehr alten Haselnusssträuchern und Holunder. Sie wachsen auf abenteuerliche Weise zwischen und auf verstreut hervortretenden Felsbrocken. Im gedämpften Licht der hohen Waldbäume ähneln sie Waldgeistern und Drachen.
Am Eingang der Vorderseite des Grundstücks breitet sich eine Wild-Hecke aus den verschiedensten Pflanzen aus. Einzelne Haselnuss-

sträucher und Holunder sind durchsetzt von Liguster, Weißdorn, Schlehen, Wildrosen und gestutzten Walnussbäumen sowie von einer mir unbekannten Pflanze, an der sich große Galläpfel gebildet haben. Im Schutz der Hecke gedeihen Brennnesseln übermannshoch. Begleitet werden sie vom Klebkraut, auch Klettenlabkraut genannt, welches sich an ihnen emporzieht bis in die äußersten Zweigspitzen hinauf. Zusammen machen sie die Hecke undurchdringlich und schützen vor neugierigen Blicken von außen.

Die Brennnessel ist eine wichtige Raupenfutter- und Heilpflanze, ja eigentlich die wichtigste Pflanze überhaupt. Sie ist überall auf der Erde zu finden, außer in arktischen Gebieten. Früher wurden aus ihren Fasern Kleidung und Schnüre hergestellt. Sie ist eine Ruderalpflanze und braucht fruchtbaren Boden als Nahrung. So wächst sie mit Vorliebe an Orten früherer menschlichen Siedlungen, wo sie in der Erde noch Spuren von Abfällen und Alteisen findet. Sie ist eine der ersten Pflanzen, die Kinder kennen lernen und bestimmen können, sobald sie mit ihrem feurigen Temperament in Berührung kommen.
Das Klebkraut ist wie die Brennnessel eine Ruderalpflanze. Es ist ebenfalls eine vielseitige Heilpflanze und als Wildgemüse verwendbar. Seine Blätter sind Nahrung für Schmetterlingsraupen. Vögel fressen die Samen.
Schön, die beiden hier anzutreffen, wo sie sich augenscheinlich wohl fühlen.
Diese Hecke kann, anhand des Stammesumfangs des Holunders und des Walnussbaums, bereits gegen Mitte des vorherigen Jahrhunderts angepflanzt worden sein. Die Haselnusssträucher haben sich immer wieder verjüngt. Die abgestorbenen alten Stämme, aus deren Basis junge Schößlinge kerzengerade emporschießen, sind noch vorhanden. So manchem Sturm wird dieses Gehölz getrotzt und so manche Trockenzeit überlebt haben.

In der Gartenmitte kann eine Hecke einige Aufgaben erfüllen. Durch ihre Präsenz werden einzelne Gartenzimmer abgetrennt und Schattenplätze geschaffen. Auch gibt sie einen ruhigen, dunklen Hintergrund für farbenfrohe Blumenrabatte ab.

Eines der ersten Projekte hier im Garten war die Pflanzung einer Fliederhecke und einer kleinen Buddleja-Reihe gegenüber.

Die drei jungen Mammutbäume des grünen Baumtempels stehen soweit auseinander, dass der Tempel noch keine Einheit bildet. Wie könnte eine Harmonie erreicht werden, da der leere Raum zwischen ihnen erst nach jahrelangem Wachstum schwinden wird? Wie könnte eine raschere Verbindung zwischen ihnen hergestellt werden?
Durch eine Hecke. Am schönsten wäre eine Hainbuchenhecke. Sich

im Halbrund um die drei Baumsäulen herum windend.
Dichtes Grün, schnellwachsend und gut schnittverträglich. Im Winter wirkt sie nicht kahl. Das trockene Laub haftet an den Stämmchen und wird erst nach dem neuen Laubaustrieb im Frühling abgeworfen. Die vielseitige Hainbuche ist robust und kompakt. In doppelter Reihe gepflanzt, entwickelt sie schnell eine kompakte Form. Ihre geräumige

Mitte bietet bereits nach wenigen Wachstumsjahren ein gutes Versteck für ein Vogelnest. Eine Hainbuchenhecke wird zusätzlichen Lebensraum und Schutz für Tiere schaffen.
Die jungen Blätter der Hainbuche können im Frühling als Gemüse zubereitet werden. In der Bach-Blütentherapie wird sie als Heilpflanze eingesetzt.
Eine Hecke voll guter Eigenschaften...

So entsteht als rundlicher Abschluss des Baumtempels eine grüne lebendige Mauer. Sie entwickelt eine Eigendynamik und zieht sich weiter und weiter gegenüber der alten Grenzhecke bis fast hinunter zum Grundstücksende. Im Ganzen werden weit über achtzig Junghainbuchen aneinandergereiht. Gelegentlich wird die lange Linie durch einen Pfeifenstrauch, eine Säckelblume, eine Japanische Zierquitte und eine Blutjohannisbeere aufgelockert. Auch einige Blüten der Kolbenspiere lugen hervor. Dies sind alles Trachtpflanzen für Bienen und Hummeln.

So entsteht ein geschwungener Rasenweg zwischen den Hecken; ein ganz klein wenig romantisch, ein ganz klein wenig geheimnisvoll.

## Vierzehnter Schritt

# *Einrichtung eines Insektenhauses*

Ganz am Anfang als wir den neuen Garten in Besitz nahmen, war unser Hauptanliegen, unsere Baby-Sequoias hier dauerhaft einzuwurzeln. Das gelang auch gut. Dann entfaltete sich langsam der Wunsch, den hier lebenden Wildbienen und Schmetterlingen etwas Gutes zu tun.
Wir wollen für sie ein grandioses Büffet eröffnen, unter freiem Himmel. Alle anderen Bestäuber, sowie die fleißigen Helfer bei der Blattlausvertilgung, sind ebenfalls herzlich eingeladen. Wie im Paradies sollen sich alle fühlen.

Deshalb zaubern wir einen Paradiesgarten für sie mit ständig wechselnder Diversität an Pollen und Nektar. Bereits zu Jahresbeginn ist der Tisch mit den Frühlingsblühern gedeckt, angefangen mit Christrosen. Dies setzt sich dann Monat für Monat mit Sommerblühern fort, bis weit in den Herbst hinein mit letzten Astern und dem bewusst spät gesätem Bienenfreund, der Phazelie.

Insekten brauchen aber nicht nur Nahrung. Sie wollen sich auch vermehren, um ihre Art zu erhalten. Dazu benötigen sie einen geeigneten Ort, um ihre Kinderstube einzurichten. Den finden sie in der freien Natur. Die freie Natur wird aber durch uns Menschen immer stärker beeinflusst und manipuliert.
Vor wenigen Jahrzehnten waren die Vorgärten der Häuser meist

blumenreich gestaltet. Darin summte und brummte es vom Frühjahr bis zum Herbst, dass es eine Freude war. Die Blumenbeete verschwanden mit der Zeit und wurden allzu oft durch sterile Anlagen ersetzt. Sie bestehen aus schwarzem Lavagestein. Bestenfalls aufgelockert durch weißen Kies. Den Namen Vorgarten verdienen sie nicht mehr. Totes Land. Und das vor der eigenen Haustür. Da hilft auch ein Yin und Yang Zeichen vor einem einsamen Bambus nicht.

Totholz, so wichtig als Lebensraum für Insekten, wird als störend empfunden und schnell entsorgt. So geht der Lebensraum der Blauschwarzen Holzbiene verloren.
Sie ist Wildbiene des Jahres 2024. Ursprünglich kommt sie aus dem Mittelmeerraum und ist erst in letzter Zeit öfter in unseren Breitengraden zu finden. Ihren Nestgang nagt sie selbst, im Gegensatz zu den anderen Wildbienen, in abgestorbenes, aber noch festes Laubholz. Hier überwintert sie auch bis zum nächsten Frühling.

Abgestorbene Stängel von Brombeerranken werden meist zu früh abgeschnitten. Dabei wären sie eine gute Nistmöglichkeit für die Schwarzspornige Stängel-Mauerbiene. In den markhaltigen Stängeln der Brombeere nistet auch gerne die Keulhornbiene. Grabwespen und Faltenwespen bauen hier ebenfalls gerne ihr Nest.
Dürre Königskerzen eignen sich, wie die Brombeere, auch als Nistmöglichkeit. Sie müssen allerdings bis zum nächsten Frühsommer stehen gelassen werden, wenn die neue Bienengeneration bereits geschlüpft ist.
Nahrung finden die Insekten nun genug hier im Garten. Da der Ra-

dius der meisten Wildbienen kaum mehr als zweihundert Meter weit ist, sollen im gleichen Garten auch Nistmöglichkeiten angeboten werden.
Totholz von Laubbäumen, in unserem Fall von Obstbäumen, für die Blauschwarze Holzbiene. Und ein Muskatellersalbei in der Nähe. Der Muskateller-Salbei ist die Trachtpflanze der Blauschwarzen Holzbiene, dessen Hauptbestäuber sie ist. Sie beherrscht einen Trick: Kommt sie trotz ihrem langen Rüssel nicht an den Nektar, bohrt sie einfach ein Loch durch das Blütenblatt und erreicht so den Nektar, ohne als Gegenleistung die Bestäubung des Pollens vorzunehmen.

Totholz herbeischaffen, ist schnell getan.
Ein Insektenhaus bauen, dauert.

Als Erstes gilt es, Baumaterial zu sammeln. Eine Holzpalette als Grundstein, Bretter für den Aufbau der Wände, alte Dachziegel als Regenschutz. Weinkisten als Regale, kleinere Holzplatten für die Abtrennungen und das Einrichten der verschiedenen Kammern. Eine Kammer mit senkrecht angelegten Einfluglöchern für die Schmetterlinge. Eine rot gestrichene Kammer mit horizontalen Einfluglöchern für die Florfliege. Ein zweckentfremdetes Kindernachtlicht mit integrierter Spieluhr für Ästhetik und Akustik - für Bienen nicht relevant, aber menschliche Sinne erfreuen sich daran. Haustür- und Fensteröffnungen des Holzhauses, Hauptbestandteil des Nachtlichtes, dienen als Eingänge zum dahinterliegenden Nist-Raum. Ganz zum Schluss noch feiner Maschendraht, um die Brut vor Vogelschnäbeln zu schützen.

Als Zweites gilt es, Nest und Füllmaterial zu sammeln. Schilfhalme für die Löcherbienen, Falten- und Grabwespen. Bambusrohre für die Mauerbienen, jeweils hinter einem Knoten abgesägt. Leere Konservendosen zum Unterbringen der Röhrchen oder feste Bindeschnur zum Bündeln. Hartholzblöcke für die verschiedenen Wildbienen mit unterschiedlich großen Bohrungen im Längsholz. Fichten- und Kiefernzapfen für jeden der sich hier verstecken möchte.

Holzspäne für Florfliegen und Marienkäfer. Äste, morsches Totholz, Holzschnipsel, Heu und Stroh.

Als Drittes gilt es, den geeigneten Platz zu finden. Ruhig gelegen und sonnig sollte er sein.
Hinter dem fertiggestellten Insektenhaus wird eine Felsenbirne als Bienenweide gepflanzt.

Sie ist schon recht groß und ihre Blüten strecken sich bereits über das Insektenhaus hinaus dem Himmel entgegen. Der Bienenturm ragt im zeitigen Frühling aus einem Feld von Schneeglöckchen und Märzbechern empor. Bei den Märzbechern gibt es eine amüsante Variante. Einer davon, der unter dem hier lebenden Apfelbaum blüht, hat sich mitten durch einen letztjährigen, vergessenen, verfaulten Apfel gebohrt. Mit seiner reinweißen Blütenglocke scheint er die europäische Variante zur asiatischen Lotusblüte. Die Füße im schlammigen Untergrund, die Blüte sich daraus entwickelnd und dem Himmel und dem göttlichen Licht entgegen strebend. Ein tiefgründiges Symbol.

Die Rückseite des Insektenwohnraumes wird noch vor Frühlings-

anfang um ein Hummelhaus erweitert, da eine Hummelkönigin bereits im Februar auf der Suche nach einer Nisthöhle ist, um ihren neuen Staat zu bilden. Ein Mäuschen ist aber schneller und hat sich schon gemütlich eingerichtet. Bei unserer Inspektion der Lage nimmt es aber schnell Reißaus.

Erstaunlich kurze Zeit nach Fertigstellung des Insektenhauses ist die erste Wildbiene vor Ort und begutachtet das Angebot aufs Genaueste. Es ist ein Weibchen der Rostroten Mauerbiene. Weitere Mauerbienen kommen angeflogen und nehmen mit Vorliebe die Bambusröhrchen in Beschlag. Nach einigen Tagen sind bereits viele Eingänge mit Mörtel fest verschlossen: Zeichen für ein erfolgreiches Brutgeschäft.

## Fünfzehnter Schritt

# *Bereicherung durch Wasser*

In ihrem Buch „Aus Liebe zu Mutter Erde“ beschreibt Little Grandmother Keisha, wie man der Erde etwas zurückgeben kann.

> *Das Herz der Erde pulsiert im Bergkristall, tragen wir ihn auf unserem Herzchakra, sind wir mit Mutter Erde verbunden. [...] Lass deine Liebe in einen Kristall fließen. Und dann versenke den Kristall in ein freies, sich bewegendes Gewässer [...]. Die Kristalle sollen in frei fließendes Wasser, weil die Erde ein Wasserplanet ist und wie der menschliche Körper hauptsächlich aus Wasser besteht. Wasser ist der schnellste Leiter für Energie und Frequenzen. Die Absichten, mit denen die Kristalle aufgeladen wurden, gehen direkt in die Blutbahnen von Mutter Erde und verteilen sich über den Planeten. Und darüber hinaus verdunstet das Wasser! Wenn das mit unseren Gebeten aufgeladene Wasser verdunstet, gelangen die Gebete mit ihm in die Luft und werden vom Wind weitergetragen. Dann bilden diese Wassermoleküle Wolken, und mit dem Regen fallen auch die Gebete auf die Erde und berühren alles, was lebt: jeden Baum, jeden Stein, jedes Wesen. Welch großartiger Weg, die ganze Schöpfung mit unserer Liebe und unseren heilenden Gebeten zu tränken!*

So liebevoll kann mit dem Wasser zusammengearbeitet werden...

Wasser ist auf unserer Erde allgegenwärtig. In unseren Parks und Gärten begegnen wir ihm in Form von Regen, Schnee, Eis, Nebel und allmorgentlich in Form von Tau. In jedem Garten, ob klein oder groß, ist Wasser immer eine Bereicherung.

Im „Dauwegaart“ ist außer in Regentonnen kein Wasser vorhanden. Das wird sich nun ändern. Oberhalb der drei umgezogenen Feigenbäumchen wird in diesem Gartenbereich mit leichtem Gefälle, dank moderner Solartechnik, bald eine Quelle entspringen. Sie wird eine kleine Kaskade bilden und als Bachlauf durch das Feigenwäldchen fließen. Unten wird sich das Wasser in einem Auffangbecken sammeln, gefüllt mit Wasserpest, Wassersalat und Wasserschnecken. Durch eine Pumpe wird es wieder hoch zum Quellaustritt gebracht werden.

Und wieder einmal heißt es Steine sammeln, diesmal für den Bachlauf und die Quelle. Flache Steine befestigen das Bett und breite Steine die Ufer. Dann wird die Form des Bächleins abgesteckt und ausgegraben, mit Folie ausgekleidet und mit ausgesuchten Steinen belegt. Ein klarer Doppelender-Bergkristall, mit guten Absichten aktiviert, wird unter den kleinen Wasserfall plaziert, wo er das hinunterplätschernde Wasser energetisch aufladen kann.

Im Uferbereich wachsen Wilder Dost, Storchschnabel und Kapuzinerkresse. Die Kapuzinerkresse bringt eine heitere Note hinzu. Ein meditierender Buddha sitzt oben an der Quelle und eine Taube hat sich auf einem Uferstein niedergelassen um dem Wasser beim Fließen zuzusehen.

Das Plätschern des Wassers beeinflusst das bestehende Energiefeld positiv, hat eine beruhigende und erfrischende Wirkung. Kurz: es ist eine Bereicherung für den Garten.

# Beobachtung des Tierreiches im Garten

Erwirbt man ein Grundstück, ist man sich meist nicht bewusst, was dies alles beinhaltet. Man hat ja nicht nur den Grund und Boden erworben, sondern auch das anwesende Mineralien-, Pflanzen- und Tierreich. Mineralien und Pflanzen sind auf den ersten Blick sichtbar. Nein, nicht alle, denn in der Erde verankerte Steine und Felsbrocken geben ihre Anwesenheit nicht so leicht preis. Ebensowenig die hier verborgenen, schlafenden Samenkörner. Manche Wildkräuter können selbst nach dreißig Jahren keimen und für Überraschung sorgen. Im Garten lebende Tiere sind ebenfalls nicht alle auf den ersten Blick sichtbar, wie die nachtaktiven.

Manche leben unter der Erde; Maulwurf, Engerling und Regenwurm. Manche mal unter, mal über der Erde; Maus, Blindschleiche, Larve, Biene, Hummel und Ameise. Manche bewegen sich auf der Erde. Sie leben hier oder schauen gelegentlich vorbei; Insekt, Eidechse, Igel, Kröte, Katze, Marder und Eichhörnchen. Manche halten sich vorwiegend in den Bäumen auf oder

überfliegen das Grundstück; Vogel und Fledermaus. Manche sind zu Wasser und zu Land zuhause; Frosch und Molch.

Im Garten die Hände mal ruhen zu lassen, um die verschiedenen Tiere zu beobachten, kann eine wahre Freude sein. Die Bienen am Insektenhaus, die Vögel am Futterhäuschen, die Schmetterlinge an den Astern oder eine aufgeschreckte Blindschleiche, unter einem Stein verschwindend.

An der neu gepflanzten Fliederhecke fehlen von einem Tag zum anderen fast alle Blütenknospen und die oberen Blätter. Seltsam. Kurze Zeit später sind auch an den ebenfalls neu gepflanzten Rosen viele Knospen verschwunden. Das genügt, um unsere Neugier zu wecken. Eine Wildkamera wird in der Hecke versteckt angebracht, um die Blumendiebe zu erwischen. Und tatsächlich, auf mehreren Nachtaufnahmen ist ein Reh mit seinem schon etwas größeren Kitz zu sehen. Sie spazieren Seite an Seite durch den Garten, mal hier etwas Gras äsend, mal da an verschiedenen Blumen zupfend.
Alles wunderbar idyllisch, aber die Bresche in der Hecke wird ge-

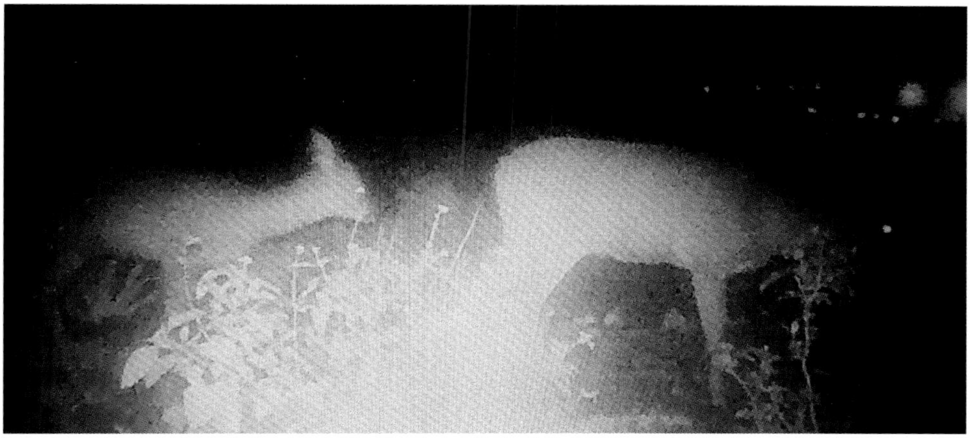

funden und trotz aller Romantik wieder verschlossen.

Der Garten ist tagsüber erstaunlich belebt, wenn die Gärtner abwesend sind und die Luft rein ist. Die Kamera, nun Richtung Vogelfutterhäuschen und Schubkarre installiert, zeichnet alles auf, was ihr vors Auge kommt. Vor allem Vögel sind ständig hier unterwegs. Rotkehlchen, Meisen, Amseln, Zaunkönig, Eichelhäher. Mehrmals fängt sie auch ein vorbeihuschendes Mäuschen, eine Katze und gar ein Eichhörnchen ein. Alle sind sie am Futterhäuschen und an der Schubkarre interessiert, aber aus grundverschiedenem Interesse.

In der Nacht wechselt die Szenerie. Die Vögel sind verschwunden, Fledermäuse jagen nun vor der Kamera. Eine Eule ist auch vor Ort und hinterlässt ihr Gewölle beim Schuppen. Katzen streunen hier herum. Marder tauchen auf und inspizieren das Umfeld. Für eine wirkliche Überraschung ist auch gesorgt: Der Waschbär ist da. Genau genommen sind es zwei, mindestens, denn sie gleichen sich aufs Haar. Einer zeigt sein akrobatisches Können am Futterhäuschen.
Später hinterlassen sie ihre Spuren an heruntergeworfenen und aus-

geräuberten Nistkästchen. Es ist nicht leicht, ihnen den Zugang dazu zu verwehren, da sie unglaublich geschickt, intelligent und kreativ sind.

Trauriges aus der Tierwelt ereignet sich auch im Garten. Ausgeräuberte

Vogelbrut durch Marder oder Waschbären. Ein Gartenschläfer, der in eine leere Regentonne fiel und nicht mehr aus eigener Kraft hinausfand. Seitdem werden im Garten leere Behälter nicht mehr aufgestellt, sondern hingelegt.

Während der Gartenarbeit kann wunderbar dem Vogelgesang ge-

lauscht werden. Mit den Ohren beobachten. Die Hände und Augen der Erde entgegen, der Rücken dem Himmel entgegen, ohne aufzublicken, kann man anhand seines Rufs oder Gesangs erkennen, ob ein Singvogel, ein Greifvogel, eine Taube oder eine Schwalbe den Garten überfliegt. Schwingt sich einer der hier lebenden Raben vorüber, mit seiner sonoren Stimme rufend, lasse ich alles stehen und liegen und richte mich auf, um ihn mit den Augen zu beobachten. Ertönt in einer frühen Abendstunde Anfang Mai gar das Lied einer Nachtigall, schließe ich die Augen, um nur mit den Ohren und dem Herzen zu sehen.

# Danksagung

Dieses Buch hätte das Licht der Welt, ohne ein kleines Geschenk von Baumsamen aus Amerika, nicht erblickt. Ein paar Samenkörner sind wie ein Komet durch mein Leben gezogen, dessen Schweif eine Saat der Freude, Liebe und Dankbarkeit gestreut hat. Der „Dauwegaart“ hätte ohne sie nicht zum Paradiesgarten für Bäume und Insekten werden können. Meinen Dank aus tiefstem Herzen hier nochmal an meine Nachbarin. Sie konnte nicht ahnen, was dieser Samen auslösen würde.

Mein herzlicher Dank geht an Hannelore Maier für ihre einfühlsamen Fotos, an Ralph Wagner für Layout und Konzeption, an Wally Differding von den Schreibwerkstätten für ihre unentbehrliche Hilfe und an Chris Schumacher für das Korrekturlesen.

Mein besonderer Dank geht an meinen Lebensgefährten, der immer an meiner Seite stand und stets aufgeschlossen für neue Ideen war. Ohne seine zuverlässige Hilfe und Inspiration wäre das Projekt Paradiesgarten nicht möglich gewesen. Sämtliche Herausforderungen nahm er ohne zu zögern an. Seine Liebe zur Natur ließ ihn eine bewundernswerte Kreativität im Garten entwickeln.

Mein allergrößter Dank geht an die lebendige Erde selbst.

Weitere Bücher von Monique Simon

# WASSERLIEDER

## Unerwartetes an den Flussufern und Hängen der Eisch

Das Element Wasser ist ein kostbares Geschenk. Quelle des Lebens, zeigt es sich als Wolke, Regen, Flusswasser, Tau, Nebel, Schnee und Eis. Die subtile Energie des Wassers ist die Substanz dieses Buches, und besonders ein Flusstal, das Tal der Eisch, wird hier betont. Die Eisch wurde beobachtet und ihre Stimme vernommen. Wunderschöne Lichtbilder verbinden sich auf harmonische Art mit poetischen und gelegentlich humorvollen Texten.

Mit Fotos von Romain Grisius und Marc Weis

ISBN 978-99959-0-006-9

# ERDENGARTEN

EIN JAHRESKREIS IM HERZEN VON LUXEMBURG

Ein Garten in Luxemburg wird von seiner Hüterin aufmerksam und liebevoll durch die Jahreszeiten begleitet. Sie hat ihn beobachtet, ihn belauscht, seine Düfte eingesogen, von seinen Früchten gekostet und seine Strukturen ertastet. Dieser Garten ist eine Schatzkammer, ein winziges Naturschutzgebiet. Auf der Seelenebene ist dieses grüne Reich Spiegel des Weltgeschehens und mit dem ganzen Universum verbunden.

ISBN 978-99959-0-137-0

# BAUMREICH

Begegnung mit Luxemburgs größten Lebewesen

Verborgen in Luxemburg liegt ein grünes Reich, das Königreich der Bäume. Alle tragen hier eine Krone. Seit jeher leben sie mitten unter uns. Stille, kaum wahrgenommene Zeitzeugen. Eng mit der Menschheitsgeschichte verwoben, schenken sie uns Schutz, Rohstoff, Nahrung, Heilkraft, Wärme und Schatten. Sie spenden lebensnotwendigen Sauerstoff und schlucken Kohlendioxid. In unseren heimischen Wäldern, Parks, Gärten und an Straßenrändern habe ich zu ihnen Kontakt aufgenommen. Sie sind lebendige, faszinierende Mittler zwischen Himmel und Erde.

ISBN 978-99959-0-304-6